Published by: Brain Workouts

contact@brainwork-outs.com

ISBN-13: 978-1976178726

ISBN-10: 197617872X

100 Games with Quotes

EXPERIENCE THE AMAZING BRAIN WORKOUTS!

- **100 exciting Sudoku puzzles**
- **50 inspirational quotes**
- **Perfectly distributed puzzles**
- **Clearly visible content**
- **High quality white paper**
- **Ideal for gifts**

Visit: www.brainwork-outs.com for more fun books

HOW TO SOLVE SUDOKU PUZZLES

The rules are simple - each number from 1 to 9 should be used once in each row, column and 3 by 3 square. The puzzle is completed when there is no more unknown square. But don't worry you don't have to be a mathematical genius to play, each puzzle is solved using simple logic and a player is expected not to guess. Apply the rule of no repeating to all puzzles in this book.

The book contain 100 Sudoku games and 50 inspirational quotes suitable for seniors, in large print plus solutions at the back providing hours of challenging fun for all ages & ability levels!

When solving puzzles illustrated in this book, the way the pros prefer to do it, is to start with the basic methods. Use a few techniques to insert as many numbers as you can. Do one at a time until you can plot one more number into a cell. Then, start with the basic techniques again, and repeat the process. You should be able to solve almost any Sudoku puzzle in this book.

Happy solving

SUDOKU

LIFE'S BATTLES DON'T ALWAYS GO TO THE FASTER, STRONGER MAN. THE MAN WHO WINS IS THE MAN WHO THINKS HE CAN.

6		2	4				1	
8					1			
						5	7	6
		4	8		9			2
			2	1	5			
2	8					6		5
	6		5		3	7	2	
7	4	5			8	3		9
				7		8	5	

7	1	4	6			9		
			4				5	
	8		3		7			2
	5	2						
				7		2		3
	3				6		1	4
3		5				8		7
2		1	8			3		
		8				4		1

SUDOKU

	8	1	2			3		
		2						1
				5	9		8	4
					7	9		
6	7				1			
1		8	4	9		7		2
4		5	7					8
	1	3	9	4	5			
7	9				2		5	

PEOPLE BECOME REALLY QUITE REMARKABLE WHEN THEY START THINKING THAT THEY CAN DO THINGS. WHEN THEY BELIEVE IN THEMSELVES, THEY HAVE THE FIRST SECRET OF SUCCESS. - NORMAN VINCENT PEALE

Puzzle #04

	3							5
8	2		6		4			
	7	1			5	2	9	
9			2		3	8	4	
		3		4	7	1		9
	8			6		5		
1		6	7				5	
	5		4	2		7		
	4			1			3	

SUDOKU

THE BEST WAY TO ACCOMPLISH SOMETHING IS TO JUST DO IT, AND THEN FIND THE COURAGE AFTERWARDS

				9		8	1	7
1	2	6	8		7			
							2	
6	1	3			5			
	9		7					1
5		7				9	6	
				8	1	7		2
3	7	1				4		9
8					9		3	

		3				2		6
1	6				2			
		2		5			7	
6			3			4		
	4	5	9		1			
2	1	8	4	7		6		
	8	1	2			9		7
4		6			7			8
			8		3	5		4

SUDOKU

Puzzle #07

		7	4	8				
6		8	7	5	1			4
	3	5		2			7	
					7	1		
		3	1	6		9		
						4		7
9			2			5		8
2				7				
					8		9	

HE WHO CONQUERS OTHERS IS STRONG. HE WHO CONQUERS HIMSELF IS MIGHTY. - LAO TZU

Puzzle #08

	3	2	5	1	7			
			6					
	6	4	9					3
					5		1	2
			2				3	
	9	5	1	3		7		
3	2		8	5		6	7	
	8						9	4
1	4			2	9		8	5

SUDOKU

THERE ARE NO FAILURES IN LIFE, THOSE WHO GIVE UP TO SOON.

	8			9	1	2		
	1	6	4					5
	3	5	7		8		1	
	9			5	6			
6		4	1		2	3		8
1				3		5		
	6		3					2
3				8		6		
	7	2			5	1	3	

8		1						
			9				7	8
9	4	6				1		
	9		4	7	5			3
			1				2	5
3			6			9	1	4
			2	9			4	
	1	9	8			2		
4	2	3	5	6	7	8	9	

SUDOKU

				5			9	8
9	6	5		4			7	
7			1	6				
8	9						2	4
6	5		9			8	3	
		4						7
	4							
5		9			2		8	
1		3	6			4		2

DON'T BE AFRAID TO GO AFTER WHAT YOU WANT TO DO AND WHAT YOU WANT TO BE, AND DON'T BE AFRAID TO PAY THE PRICE TO GET IT.

Puzzle #12

9			3	8	2	5	6	1
		3	6			4	2	
		2	5	9		7	3	
			7	5				6
		6		1	8			
8		4		2			1	
		8						
						6		7
1	3	5						4

SUDOKU

FAILURE IS MERELY PART OF THE PROCESS NECESSARY FOR SUCCESS.

3	7					5	1	
			6	8	3		7	4
2	6	4			7	9	8	
	2			5	4	1		7
9	3		8	6				
4							6	8
					6	7		9
	1	9	2				4	
	4			9		8	3	

Puzzle #14

7	8	1		3	2		5	4
	4	6		8	9		3	2
						8		6
4		2			3		9	
	5	7			1		6	
				7	6	2		
2					4	5	1	7
3			5					
				2	7		4	

SUDOKU

Puzzle #15

	4	7			2		8	3
		3		5	6	4		
9	6		3			5		
		6	8			2	3	4
	8	2						6
	1		6					
6								2
2	3	5	1		4	7	6	
	7							8

BELIEVE IN YOURSELF AND YOU WILL BE UNSTOPPABLE.- EMILY GUAY

Puzzle #16

	2	4						9
		7				1		
3	9	5				4	7	6
2	4		7		3	8	1	5
		8	5				4	3
			4				2	
7				4	5			8
		2			9	5		
			2		1	7	9	

SUDOKU

IT'S A FUNNY THING ABOUT LIFE; IF YOU REFUSE TO ACCEPT ANYTHING BUT THE BEST, YOU OFTEN GET IT.

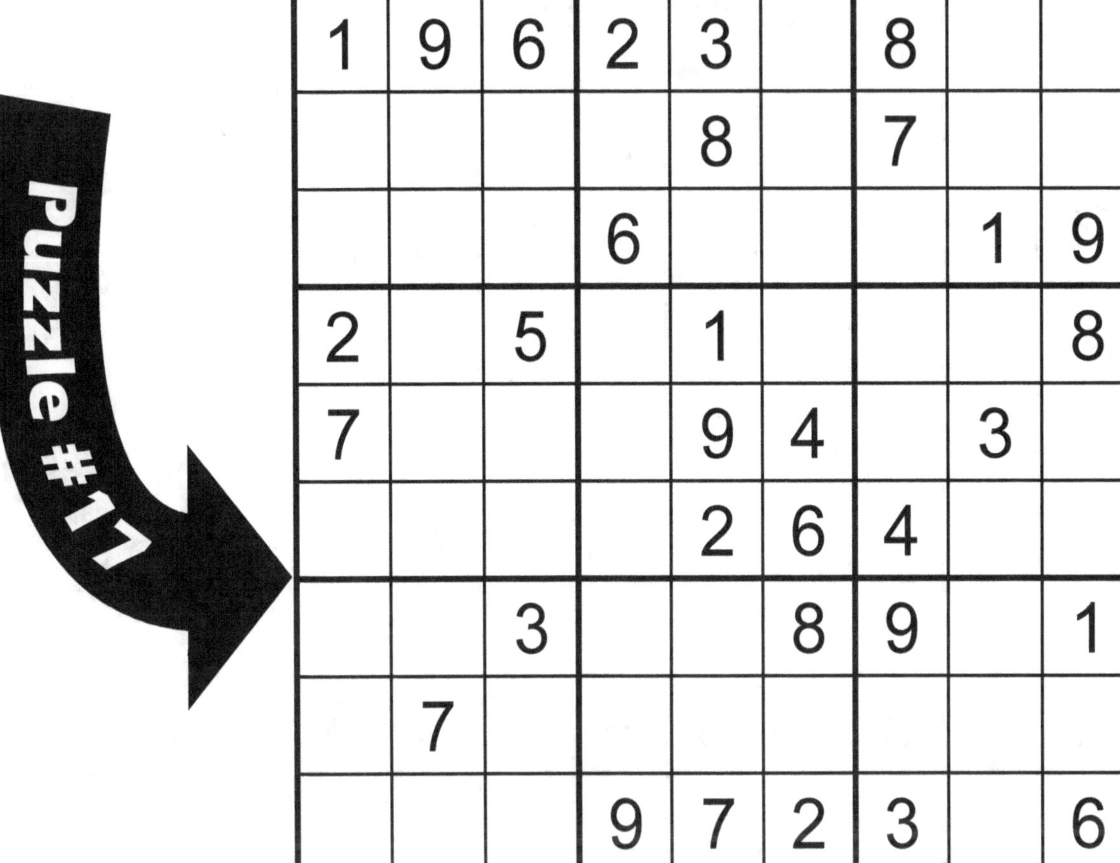

1	9	6	2	3		8		
				8		7		
			6				1	9
2		5		1				8
7				9	4		3	
				2	6	4		
		3			8	9		1
	7							
			9	7	2	3		6

2	1	3					6	
				6				
6	8	7	9			3		5
5							7	4
4				8	5			9
					1		3	
1	4	9						3
8	6		2		3	4	9	
					4			8

SUDOKU

Puzzle #19

		7	4					3
6	2		8	1	5		7	
4						8	6	
5		2				4		6
	7			5				
							9	
	6	9			8			5
1		5		6	9		3	8
2				4	7			

NEVER GIVE UP! FAILURE AND REJECTION ARE ONLY THE FIRST STEP TO SUCCEEDING. - JIMMY VALVANO

Puzzle #20

1		5	4					
	7			5		3	9	
4	9		6					1
		8			2			5
		9		4	5			3
5	1	4		6	7	8		
2		7		3	6			
					4			
		3		1		5		2

SUDOKU

WITH EACH CHOICE YOU MAKE, YOU CREATE YOUR LIFE.

Puzzle #21

6					8	4		
			1				2	6
	2	4	7	9				
	9						3	
1		8	9			6		2
4		3		6			8	
	3		2	5		8	6	4
8					7		1	9
			6		1	2		

Puzzle #22

3	7				2		9	
2		8		6			1	
		9				2		
	9		5	2				6
4	5				6		3	9
6		7	9	4	1	8		
7			1			4	8	
				8				
		4			7	5	2	1

SUDOKU

Puzzle #23

	9		5					
		2	4	9				
4	7						9	1
9		7	2				3	5
				6		7	1	
			3	7	4		2	
		3		5		1		2
	5	9				3	8	6
6	2		1			5		9

YOUR SUCCESS IS ONLY LIMITED BY YOUR DESIRE.

Puzzle #24

3			9	2	8			6
6	8			1		7		2
	2						9	1
2		6		3			4	8
4	9				6	3		
			8				6	
	6		5		4	1	7	
		3	1			9		
	4	7		9				

SUDOKU

THE STARTING POINT OF ALL ACHIEVEMENT IS DESIRE. KEEP THIS CONSTANTLY IN MIND. WEAK DESIRE BRINGS WEAK RESULTS, JUST AS A SMALL AMOUNT OF FIRE MAKES A SMALL AMOUNT OF HEAT.

Puzzle #25

9	2	1			4	6		
	3				7			
5	4			2		3		
		9			3		6	
	1	6		4				9
2	7	3	9			5	1	
7			3	6				1
		5	1					
						7	8	

9	5		1					
	8							3
			8				4	
5				6	2		8	4
6		3	9					1
8				1		3		9
	9					5	3	8
			6					
1	4			3	7	6		

SUDOKU

	2	4		7	9			8
	3	7	4					
	9	5	6		3			
9						7		2
							4	9
		3	8	9		6		
3		8	7	4			6	
4					6	8	1	3
		9		1				4

IT IS THE MIND THAT MAKES GOOD OR ILL. THAT WHICH MAKES US HAPPY OR SAD; RICH OR POOR.

Puzzle #28

					2		8	5
1	6	2			8			
		5	9			3		2
9				8		1		6
				1	7	9		
							7	3
7		4	3					1
	3	1	8	5	4		9	
		8		6			3	4

SUDOKU

I DO BELIEVE I AM SPECIAL. MY SPECIAL GIFT IS MY VISION, MY COMMITMENT, AND MY WILLINGNESS TO DO WHATEVER IT TAKES.- ANTHONY ROBBINS

Puzzle #29

8			6	4		7	1	5
9	7	6		1		4		
		4		2			8	
	8	9	2		1			7
7	5							3
		3					9	
1	6	5	9		4			
				8	2		5	4
4			5		3			9

		5	3	6		2		
7	3		9					
		6			8	1		
5		3	4	2	9			
	7			1			5	4
		8	6		5			2
6		4						3
				8			2	6
9			1				7	5

SUDOKU

			3			2		
3		9		8				
	7		2					
9		6		4			8	
	3			6				4
2	4		1		9	5		6
4		7		3	8	1		
	6	3	7	2		8		9
				1				7

WINNING DOESN'T MAKE YOU A BETTER PERSON BUT BEING A BETTER PERSON MAKES YOU A WINNER.

Puzzle #32

		6		2			9	7
9						1	6	
5				1				8
8			3	9	4			6
	1		2	8				4
2	3	4						9
3	9			6	2	7		
			5	3				
		8	1	7		6	5	

SUDOKU

DO EXTRAORDINARY THINGS; DON'T JUST DREAM THEM.

Puzzle #33

4					8	6		
						8	7	3
		5	6	2				
	1		5			9		2
	4		8	1			5	
	9	3		7		1	8	
6		8			5		9	
3			2		1		6	
	5		9	6				

		8			9	3	6	
9	1		2	4	3		8	
	4			6				
								7
5		4	7	8	6	2		
7			1	2		4		6
1				7		5		
			9	3				8
8	6				2		7	1

SUDOKU

	9			2	1	4		
	4	2		9	3	7		6
		7			8	5		
6								
			8			2		4
1			9		4		7	
		1	3	5				7
		3				8		
							9	

READ SOMETHING POSITIVE EVERY NIGHT LISTEN TO SOMETHING HELPFUL EVERY MORNING.- TOM HOPKINS

Puzzle #36

	3	5				9	2	
1				7	2			3
	2		8					
				4				2
	9	1	6					4
	7	3	9				8	
8		2					7	
		7		6			3	
3			2					1

SUDOKU

NEVER STOP LEARNING. IF YOU LEARN ONE NEW THING EVERY DAY, YOU WILL OVER-COME 99% OF YOUR COMPETITION. - JOE CARLOZO

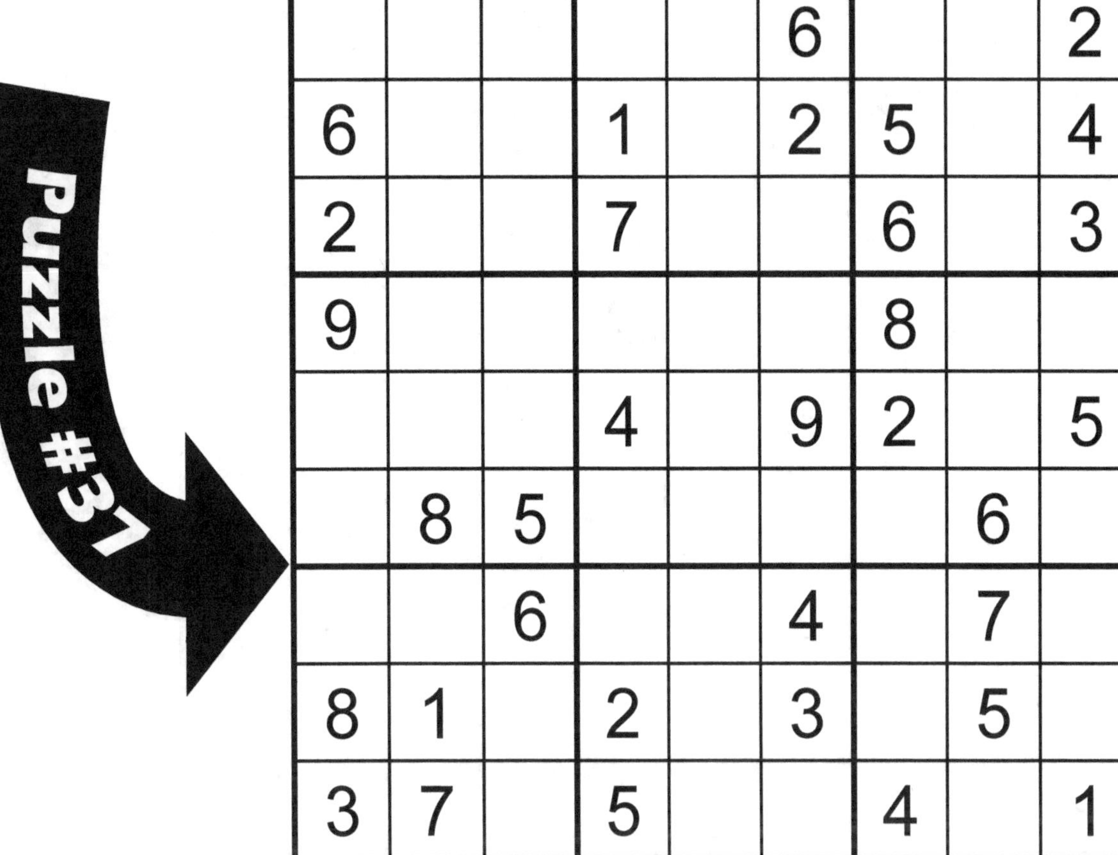

					6			2
6			1		2	5		4
2			7			6		3
9						8		
			4		9	2		5
	8	5					6	
		6			4		7	
8	1		2		3		5	
3	7		5			4		1

	4	5			8		9	
		1	7	9	3		8	5
			4		1		2	
6				8			3	
					7	6		8
3	5	8	6		9			4
8								
1	7	9	8					3
				7	2			9

SUDOKU

Puzzle #39

1	2		6	5		9		
	4	7		8		2	6	
			7			3		
5			9		2			7
7			5			4		
	3	4		1		5		9
			2					3
		1		7				6
3				6		7	4	

I HAVE FAILED OVER AND OVER AGAIN. THAT IS WHY I SUCCEED. - MICHAEL JORDAN

Puzzle #40

	2	6		9	4		7	
7	5		2	1		8		
			7	8			5	4
4	6			2				
				5				3
					8			
			9		2		8	5
9	7			4			1	
2			8					7

SUDOKU

DREAM YOUR WILDEST DREAMS AND YOU WILL LIVE A WILD LIFE.

2			6		4			
				1	5	4		8
			7		8		1	
8				3	7	6	9	1
3								
	1	9		5			7	
	7		5					
	5		8	4	1	3		7
6			9			1	5	4

5		9	1					
						6	3	9
6		7	8	4		1		
			3	8		2		6
			2		7	4	9	
		2			6	3	5	8
	7					5	4	
4	8						1	
1			5					2

SUDOKU

Puzzle #43

							5	4
9	6			3		7		
		4						9
6	8							3
		1			5	2	4	
4			8	1	2			
								7
1				2			9	
8		6		7		3		1

Puzzle #44

							6	
4			1	2	5			
8		1						5
		2	6			7	4	
		8			7		2	
9		5		1		8	3	
		6		4	1		8	
1		3		7		6		4
				8				3

I WOULD RATHER FAIL IN A CAUSE THAT WOULD ULTIMATELY SUCCEED, THAN SUC-CEED IN A CAUSE THAT WOULD ULTIMATELY FAIL. - WOODROW WILSON

SUDOKU

THE PATH TO SUCCESS IS TO TAKE MASSIVE DETERMINED ACTION.- ANTHONY ROBBINS

		3			4			
	5		3	6	8		9	
7			2		1		8	3
				5	7			
3		4					5	
2	6	5			9	8		1
	3			2	5	7		
4		7		8	6	1		
	8							2

Puzzle #46

		2	1		9			
8			7		6	4		9
9				4	5	1	3	2
						7		4
		4					1	
	6			8	3	2	9	
2	1	8			4		7	6
				7				3
	4		9			5		

SUDOKU

Puzzle #47

7				1	3	6		2
	1		2		7			
			5	4				
		3				1	6	5
6			7		1	9		8
9			6	3		2	7	4
1	4			7				
2			9				5	
	3	8			2	4		

THE MAN WHO SAID HE NEVER HAD A CHANCE, NEVER TOOK ONE.

Puzzle #48

6	9			4	2			
	2	1	8	3			7	
						2		
		5		9		7	6	
		8						1
		6	1	2	4			5
	8				6		3	
		9			1		8	
5		2				6	1	

SUDOKU

SUCCESS IS THE PRIZE FOR THOSE WHO STAND TRUE TO THEIR IDEAS. - JOHN S. HINDS

7	3		8	2	6	1		
				7	1			
1	6	2	3		5			9
6		8		5	2	9		7
				8	3		2	
3			4		7			
	5	1		6	8	7		
		3						
			7		4		8	

7				1	2			9
	4	6		5			3	1
3			7	4		5		
6					8		7	
9	5		1	2				
8	7							3
				7		4		6
	3			9			1	8
4		9					5	

SUDOKU

3			4		5			
		9				5	1	
2	5			1			7	3
			3	5	4	7	8	
8	3		1			4		
4			6					
1	4			8	3	6		7
				6	1	8	4	2
					7		9	1

I KNOW THE PRICE OF SUCCESS: DEDICATION, HARD WORK, AND AN UNREMITTING DEVOTION TO THE THINGS YOU WANT TO SEE HAPPEN. -FRANK LLOYD WRIGHT

Puzzle #52

		6	2		1		8	
1	2			3		9		
		3	9		4			
		9				2	4	
					5		6	7
		1	4			5		
9	1			6		4		
6	7	8					1	
2			8		7	6		

SUDOKU

YOUR DREAMS MINUS YOUR DOUBTS EQUAL YOUR TRUE WORTH.

3							6	
4			5	7				
	2	6	3			4		5
			6			7		8
6	1	5	8				9	
		2			1	5		
5	6	1				9		
7			4	6	8			1
	8						3	7

				5			6	7
	4							
	6					8		
	7		1	6	4			8
	8	5	9	7		4	3	
9				3		6	7	
1	5	8		4		3		
	2	6	3	9				
4	3		6			7		

SUDOKU

		3						
2	4			7			8	
	6				3		7	
5	7		2		8			
				3		5	6	8
	8		1			2		7
		5	6			7	2	
			4		2			1
	1	2		5		9		6

SUCCESS IS NEITHER MAGICAL NOR MYSTERIOUS. SUCCESS IS THE NATURAL CONSEQUENCE OF CONSISTENTLY APPLYING THE BASIC FUNDAMENTALS. - JIM ROHN

Puzzle #56

1		7	9			6	2	
				6				
		8	5	4	2	9	7	
	9						4	
7							5	3
3	5	6		7				
	6	3	1			8	9	7
		9	4		6		1	
8	1		3		7	5		

SUDOKU

EVERY FAILURE IS A STEP TO SUCCESS.

Puzzle #57

	8	1				7		4
2					7	3		9
					2		6	
5	1				4			
3				7				
	6	9			1	5	4	
			2	6			3	7
	4		1		9	6		
	3						1	

	3		8				2	
				1		6	4	
2						8	1	9
8		3	5			2		4
5	6				1	7		
			6					1
6		8		3	5		9	2
		4		9			7	
				4		3		

SUDOKU

Puzzle #59

		2	9	6			1	
		3			4			
	6		2	8				9
	8		1					4
	7	6		3		9	8	
9		1			8			5
7			4	2				
					6	1		2
6				5	1		7	

MONEY NEVER STARTS AN IDEA; IT'S THE IDEA THAT STARTS THE MONEY.
- MARK VICTOR HANSEN

Puzzle #60

					2	1	4	
			5				3	7
6			1			5		
			9		6		8	
9			7		5		2	
3		2					7	
2		5				8		4
4	9			8				
					3	9		2

SUDOKU

IT'S NOT WHETHER YOU GET KNOCKED DOWN; IT'S WHETHER YOU GET BACK UP. - VINCE LOMBARDI

					2	5		8
		6			5	9	4	2
5				4		3	7	
		1			3			
7	6	3	1					
8	4		9		7			3
2			6			7		
4			2		1		9	6
6		9				1		

3	2	5				7	4	8
					5			
	6	8						
	3	4	6	2			9	1
8						3	2	7
	7			9		4	6	
6	8	7			9			
		9	8	5			7	
				4		1		9

SUDOKU

Puzzle #63

		5	3		9			
	1	4			7			9
9				4	5		2	
1		8					5	
6						7		
	4		9		6		1	3
4	7			9			8	5
		2	6		8	1	7	
8			7			3		2

ONCE YOU LEARN TO QUIT IT BECOMES A HABIT.

Puzzle #64

3	1		4					2
7				3	1		4	6
	8					5		3
5	6	8		1	7		3	4
			8				5	
2	4		3					8
6	2	1	5		8	3		
		4					2	5
				7	2		8	

SUDOKU

TO WIN, YOU HAVE TO RISK LOSS. –JEAN CLAUDE KILLY

Puzzle #65

	1	7	5	6				
			1	3	2	4		
		2						5
		3		2			9	4
9				7			6	8
	5	8			6			
	2		9		8	7		
5	7	4	6	1				
			2			6	4	3

9	6	5			7	8		
				6				
		7	9	8		4	1	6
1	5				9	6		4
7				5	2			
	8		4		1	9		7
5					6			
	1				8	5		3
		9		2	4			

SUDOKU

Puzzle #67

	7			4			6	
			2			8		
8		6				1	5	2
5	3	1		8		4	7	
					7	6		5
	9	7	5				8	
				9	8	5		4
9	5				3			
			7	6				

IF YOUR LIFE IS FREE OF FAILURES, YOU ARE NOT TAKING ENOUGH RISKS.

Puzzle #68

	9							7
	1		8	4	2			5
8		5			7			
	5		3			4		
	3	4		9			8	
					6	1		
	4		1				6	
	8	1				5		2
		3			8	9	1	

SUDOKU

FAILURE IS GOOD. IT IS FERTILIZER. EVERYTHING I HAVE LEARNED ABOUT COACHING, I HAVE LEARNED FROM MAKING MISTAKES. - RICK PETINO

Puzzle #69

8			3		9			
	7					8		5
2				7	5		3	4
				1	2			
		9			3	7		
5	2	7			4	3	8	
				4		2		
	9	1	2				7	
6	4					1	5	

9		5	6	2				4
	8	1	5			6	2	
					7		9	
5	2	8	1					
	9		2			7		5
					6			
2	1		7		9	3		
	6	9			5			7
8				1	2		6	

SUDOKU

7		2					9	
9		4				6		8
			5					
	9	7	4	8	5	1		6
3		6			9		4	
1			7					9
		1	9	2	3		7	4
	7	3	6		1		8	2
4					7		6	

THE MAN WHO SAYS IT CANNOT BE DONE SHOULD NOT INTERRUPT THE MAN DOING IT.- CHINESE PROVERB

Puzzle #72

		5		9			3	
1	7	4	3	8				
		9	1					4
	4	3		7		8		9
		8						
						2	5	3
		1			9	4	8	
8					7		1	5
	3		8		5	9		6

SUDOKU

VICTORY BELONGS TO THE MOST PERSEVERING. - NAPOLEON BONAPARTE

2					6			4
6	5	3						8
	9		2	3	8			5
	4	6		5		3		
		1						
		5	3					7
					9			
1	6			7				
5	7	9	4	6		2	8	

	1	5			7			8
9				4		1		
			1				4	6
7	3		6					
1			5	9				
5	8		7	1	3	9	2	4
	9			8			6	5
	4	7	3		6			
					1			

SUDOKU

		2		1		6		3
		6	3		4			1
			6					
1	4		7			3	5	
		3	5		9		1	
6	8		2				7	
9								
2	5		4					7
		4		7			3	

LIFE IS SHORT. FOCUS FROM THIS DAY FORWARD ON MAKING A DIFFERENCE. I AM NOT JUST HERE TO MAKE A LIVING; I AM HERE TO MAKE A LIFE.

Puzzle #76

						6	3	8
1			6				9	5
	4		8				1	7
	3	9	2		5			
5				7	6		4	
	6	7	9	4	1			
2	1							6
3	7	4	1	6	8		5	
6	9	8						

SUDOKU

YOU MAY BE DISAPPOINTED IF YOU FAIL, BUT YOU ARE DOOMED IF YOU DO NOT TRY. - BEVERLY SILLS

9					7	6	8	
	2	1						
8			5		3	2	4	9
			6					4
	7	4	8				5	
6		8		4				
3		6		9		5	1	8
		5	3			7		
		2			8		6	

Puzzle #78

			3	1		4		
2		3	8		7		6	1
	8			6				7
	1			4			7	
		6		9	1		2	5
					5	6	1	
	7			8			4	
			4					6
				2	9	7		3

SUDOKU

		6	7	2		9	8	
	7			4	9			5
			8		6			1
							5	9
6		4	9		5		1	
1	5	9	4	7	3	2		
7				3	4			6
	3						7	
			2			5	3	4

IDEAS ARE A DIME A DOZEN, THEY ARE WORTHLESS, BUT PEOPLE WHO PUT THEIR IDEAS INTO ACTION ARE PRICELESS.

Puzzle #80

		3	6	9	4		7	
						6		
			5	7	3	8	2	
	2							
		6				4	1	
	3		8	1	2	5		
6		2					5	9
	9		1		5	7	4	
5					6	2	8	

SUDOKU

GENIUS IS DIVINE PERSEVERANCE. GENIUS I CANNOT HAVE, BUT PERSEVERANCE ALL CAN HAVE.

Puzzle #81

7					2	3	4	
		8	6					
					7		1	
4			9	2	6	7		
2				3		4	9	8
	1			7			2	
	3	5			4			
				9		1		5
9		6	8		1			4

Puzzle #82

	9			7		4		1
	8			4		2		
		7			1		9	
7			5			3	8	6
		6						
	5	2	6	8		7	1	
1	2		8	6	9			7
	6	9	7	3				8
4		8	1	2			3	

SUDOKU

Puzzle #83

3	7			5			2	
	4		1		7	8		
			3	4	2		6	
		8		6	1	3	7	4
	2			7				
7	1	4	5					
5					6			3
1		9						
		7				9	1	6

Puzzle #84

5				9		2		1
4				1		7	8	
	1	8		2			9	4
2		4			7	9		
	3	5	1					
	6	9						
9			6		1			8
	5	7	8				2	
8			9	7	2	6		

OBSTACLES ARE THOSE FRIGHTFUL THINGS YOU SEE WHEN YOU TAKE YOUR EYES OFF YOU GOAL.- HENRY FORD

SUDOKU

THE FIGHT IS WON OR LOST FAR AWAY FROM WITNESSES - BEHIND THE LINES, IN THE GYM, AND OUT THERE ON THE ROAD, LONG BEFORE I DANCE UNDER THOSE LIGHTS.-

Puzzle #85

	5	8				2		7
			1	8	3		9	5
3	6		2					1
4		2	9		1		7	
				6		3	2	9
					7		1	
2	4		8					
		5	7	1	2		6	
9	1			5	4			

Puzzle #86

7				9			1	3
2		9			1	6		
	5	3	6					
		7	1		3			
				2				4
8			9		5	7		
4						1	7	8
3	7		2	1	8		5	9
9							2	

SUDOKU

				1	5			
7	6		4		9	3		
				8		7	2	1
		2					6	
5				7		8		
		9		4		1	5	2
		6		3	4	9		
		3		9				
	5					2		4

MOST OF OUR OBSTACLES WOULD MELT AWAY IF, INSTEAD OF COWERING BEFORE THEM, WE SHOULD MAKE UP OUR MINDS TO WALK BOLDLY THROUGH THEM. - ORISON SWETT

Puzzle #88

			3				1	
		2		7		8		
7	6			1	4	5		9
3	7							1
6	4	1	5					
		5				3		
		7			5		6	2
1		4	6			7		
2				8	1	9		5

SUDOKU

SUCCESSFUL PEOPLE DO WHAT UNSUCCESSFUL PEOPLE DARE NOT TO.

8	7	6	1	2	5	4		3
			3		6	5		
2			9					1
	3		7					
6				1	8			
1		7	2			8		
9			8	7			4	2
		2		3			5	
		4		5				8

Puzzle #90

3					1		7	
					5			8
			8	2			3	
4		7	1			9		
		3			9	6		
	2	5		8	6	4		3
7	9	4						1
8				1				
	1				4			

SUDOKU

Puzzle #91

9					2		4	
1	2			5	4	6		
			7					8
	3		5		1		8	6
	1	6	9	2	7			
								1
			3					
4	8			7		1		
2	7			1	5	8	6	3

WHERE ARE YOU GOING? WHAT ARE YOU DOING TODAY TO GET THERE?

Puzzle #92

6			8				3	
	3	5		2		8		7
	8				7		5	4
				9	1	7	6	
3		6				4	8	9
2		9						
	4		5	6	3	9		
9			4	8	2	1		5
			7		9			

SUDOKU

COMMIT YOURSELF TO A- DREAM.- NOBODY WHO TRIES TO DO SOMETHING GREAT, BUT FAILS, IS A TOTAL FAILURE. WHY? BECAUSE HE CAN ALWAYS BE ASSURED THAT HE SUCCEEDED IN LIFE'S MOST IMPORTANT BATTLE; HE DEFEATED THE BATTLE OF NOT TRYING.-

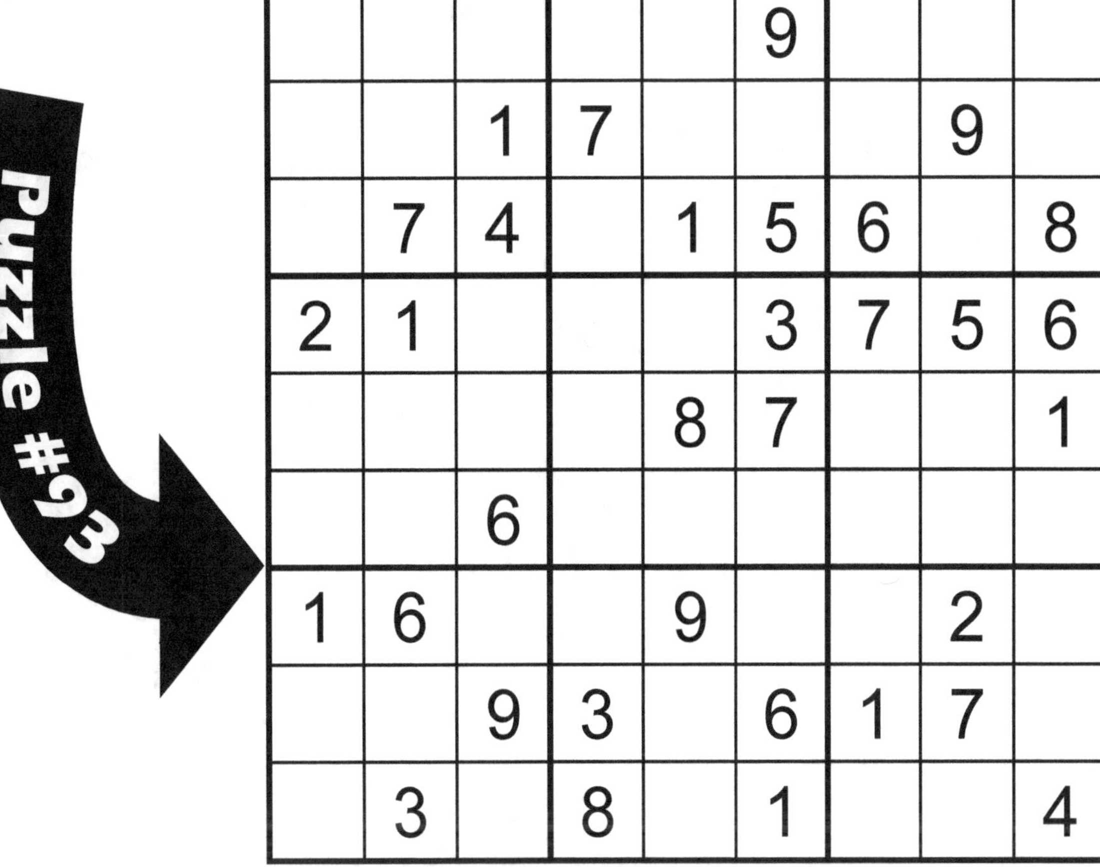

					9			
		1	7				9	
	7	4		1	5	6		8
2	1				3	7	5	6
				8	7			1
		6						
1	6			9			2	
		9	3		6	1	7	
	3		8		1			4

		8		5			1	
			6		8		9	
	6		4					2
8	2			4				6
		7				2	4	5
		6				7		1
				7	9			4
3		4			6	1	2	
	9		3			5		8

SUDOKU

Puzzle #95

	2							
8		1	3	9				2
	3		6		7			4
	1	8			3		6	7
			2				1	3
7					9			
			8	5	2		3	
	7				4			
9		5			6	4	2	1

IF YOU HAVE FAILED, DO NOT WORRY. YOU HAVE JUST CUT THE WAY TO SUCCESS.

Puzzle #96

9		3	5	6		4		
2		4				1		6
6	5			4				9
		8			4			2
4		5	3		6	9	1	
				1				
5		6				8		
	3	9	1					4
					3	5		1

SUDOKU

EXCEED EXPECTATIONS. WE ARE NOT DRIVEN TO DO EXTRAORDINARY THINGS, BUT TO DO ORDINARY THINGS EXTRAORDINARILY WELL.- BISHOP GORE

	9	8						5
1		2	9		5			
	6		4				1	9
2			8		1			
8					6	3		
9	3	1						
	8		3	1	2	5	4	
3			6		8	1	9	7
6		4	7			2	3	

		3	4	7				2
	1	8	6	9		5		
6								9
	9			2				5
					3			
	3	4	8	5		2		1
8	7		5				6	
				6	7		5	
	6	9						4

SUDOKU

Puzzle #99

		2			7			6
	1	6			9		8	7
		8	4		1	3		
		1		4	8			5
4	2				5			8
8						9		
1		9	2			5		4
	6	7		5				9
	3		9	8	6	7	2	

THE GREAT END OF LIFE IS NOT KNOWLEDGE, BUT ACTION.
- THOMAS HENRY HUXLEY

Puzzle #100

						2		
2		4	3	6	8		5	
					1	3		8
6			2					
	2	9	7	4				
	7			5	9			
		2	9	7				3
				3	5	7	2	6
		7			2	1		4

SOLUTIONS

01

6	3	2	4	5	7	9	1	8
8	5	7	6	9	1	2	4	3
4	1	9	3	8	2	5	7	6
5	7	4	8	6	9	1	3	2
3	9	6	2	1	5	4	8	7
2	8	1	7	3	4	6	9	5
9	6	8	5	4	3	7	2	1
7	4	5	1	2	8	3	6	9
1	2	3	9	7	6	8	5	4

02

7	1	4	6	5	2	9	3	8
9	2	3	4	1	8	7	5	6
5	8	6	3	9	7	1	4	2
4	5	2	1	8	3	6	7	9
1	6	9	5	7	4	2	8	3
8	3	7	9	2	6	5	1	4
3	4	5	2	6	1	8	9	7
2	7	1	8	4	9	3	6	5
6	9	8	7	3	5	4	2	1

03

5	8	1	2	7	4	3	6	9
9	4	2	6	3	8	5	7	1
3	6	7	1	5	9	2	8	4
2	3	4	5	8	7	9	1	6
6	7	9	3	2	1	8	4	5
1	5	8	4	9	6	7	3	2
4	2	5	7	6	3	1	9	8
8	1	3	9	4	5	6	2	7
7	9	6	8	1	2	4	5	3

04

4	3	9	1	7	2	6	8	5
8	2	5	6	9	4	3	1	7
6	7	1	3	8	5	2	9	4
9	1	7	2	5	3	8	4	6
5	6	3	8	4	7	1	2	9
2	8	4	9	6	1	5	7	3
1	9	6	7	3	8	4	5	2
3	5	8	4	2	9	7	6	1
7	4	2	5	1	6	9	3	8

05

4	3	5	6	9	2	8	1	7
1	2	6	8	5	7	3	9	4
7	8	9	1	3	4	6	2	5
6	1	3	9	4	5	2	7	8
2	9	8	7	6	3	5	4	1
5	4	7	2	1	8	9	6	3
9	6	4	3	8	1	7	5	2
3	7	1	5	2	6	4	8	9
8	5	2	4	7	9	1	3	6

06

7	5	3	1	8	9	2	4	6
1	6	4	7	3	2	8	5	9
8	9	2	6	5	4	3	7	1
6	7	9	3	2	8	4	1	5
3	4	5	9	6	1	7	8	2
2	1	8	4	7	5	6	9	3
5	8	1	2	4	6	9	3	7
4	3	6	5	9	7	1	2	8
9	2	7	8	1	3	5	6	4

07

1	2	7	4	8	3	6	5	9
6	9	8	7	5	1	2	3	4
4	3	5	9	2	6	8	7	1
5	6	9	8	4	7	1	2	3
7	4	3	1	6	2	9	8	5
8	1	2	3	9	5	4	6	7
9	7	6	2	3	4	5	1	8
2	8	1	5	7	9	3	4	6
3	5	4	6	1	8	7	9	2

08

9	3	2	5	1	7	4	6	8
8	5	1	6	4	3	9	2	7
7	6	4	9	8	2	1	5	3
6	7	3	4	9	5	8	1	2
4	1	8	2	7	6	5	3	9
2	9	5	1	3	8	7	4	6
3	2	9	8	5	4	6	7	1
5	8	7	3	6	1	2	9	4
1	4	6	7	2	9	3	8	5

09

4	8	7	5	9	1	2	6	3
9	1	6	4	2	3	7	8	5
2	3	5	7	6	8	9	1	4
7	9	3	8	5	6	4	2	1
6	5	4	1	7	2	3	9	8
1	2	8	9	3	4	5	7	6
5	6	9	3	1	7	8	4	2
3	4	1	2	8	9	6	5	7
8	7	2	6	4	5	1	3	9

10

8	7	1	3	2	4	5	6	9
2	3	5	9	1	6	4	7	8
9	4	6	7	5	8	1	3	2
1	9	2	4	7	5	6	8	3
6	8	4	1	3	9	7	2	5
3	5	7	6	8	2	9	1	4
5	6	8	2	9	1	3	4	7
7	1	9	8	4	3	2	5	6
4	2	3	5	6	7	8	9	1

11

4	1	2	7	5	3	6	9	8
9	6	5	2	4	8	1	7	3
7	3	8	1	6	9	2	4	5
8	9	1	3	7	6	5	2	4
6	5	7	9	2	4	8	3	1
3	2	4	5	8	1	9	6	7
2	4	6	8	3	5	7	1	9
5	7	9	4	1	2	3	8	6
1	8	3	6	9	7	4	5	2

12

9	4	7	3	8	2	5	6	1
5	8	3	6	7	1	4	2	9
6	1	2	5	9	4	7	3	8
2	9	1	7	5	3	8	4	6
3	5	6	4	1	8	9	7	2
8	7	4	9	2	6	3	1	5
7	6	8	2	4	9	1	5	3
4	2	9	1	3	5	6	8	7
1	3	5	8	6	7	2	9	4

13

3	7	8	4	2	9	5	1	6
1	9	5	6	8	3	2	7	4
2	6	4	5	1	7	9	8	3
8	2	6	3	5	4	1	9	7
9	3	7	8	6	1	4	5	2
4	5	1	9	7	2	3	6	8
5	8	3	1	4	6	7	2	9
7	1	9	2	3	8	6	4	5
6	4	2	7	9	5	8	3	1

14

7	8	1	6	3	2	9	5	4
5	4	6	7	8	9	1	3	2
9	2	3	1	4	5	8	7	6
4	6	2	8	5	3	7	9	1
8	5	7	2	9	1	4	6	3
1	3	9	4	7	6	2	8	5
2	9	8	3	6	4	5	1	7
3	7	4	5	1	8	6	2	9
6	1	5	9	2	7	3	4	8

15

5	4	7	9	1	2	6	8	3
8	2	3	7	5	6	4	9	1
9	6	1	3	4	8	5	2	7
7	5	6	8	9	1	2	3	4
3	8	2	4	7	5	9	1	6
4	1	9	6	2	3	8	7	5
6	9	8	5	3	7	1	4	2
2	3	5	1	8	4	7	6	9
1	7	4	2	6	9	3	5	8

16

1	2	4	6	5	7	3	8	9
6	8	7	9	3	4	1	5	2
3	9	5	1	2	8	4	7	6
2	4	6	7	9	3	8	1	5
9	7	8	5	1	2	6	4	3
5	3	1	4	8	6	9	2	7
7	1	9	3	4	5	2	6	8
4	6	2	8	7	9	5	3	1
8	5	3	2	6	1	7	9	4

17

1	9	6	2	3	7	8	4	5
4	5	2	1	8	9	7	6	3
3	8	7	6	4	5	2	1	9
2	4	5	7	1	3	6	9	8
7	6	8	5	9	4	1	3	2
9	3	1	8	2	6	4	5	7
6	2	3	4	5	8	9	7	1
8	7	9	3	6	1	5	2	4
5	1	4	9	7	2	3	8	6

18

2	1	3	5	4	8	9	6	7
9	5	4	3	6	7	1	8	2
6	8	7	9	1	2	3	4	5
5	2	1	6	3	9	8	7	4
4	3	6	7	8	5	2	1	9
7	9	8	4	2	1	5	3	6
1	4	9	8	5	6	7	2	3
8	6	5	2	7	3	4	9	1
3	7	2	1	9	4	6	5	8

19

9	8	7	4	2	6	1	5	3
6	2	3	8	1	5	9	7	4
4	5	1	7	9	3	8	6	2
5	9	2	3	7	1	4	8	6
8	7	6	9	5	4	3	2	1
3	1	4	6	8	2	5	9	7
7	6	9	1	3	8	2	4	5
1	4	5	2	6	9	7	3	8
2	3	8	5	4	7	6	1	9

20

1	3	5	4	7	9	2	8	6
8	7	6	2	5	1	3	9	4
4	9	2	6	8	3	7	5	1
3	6	8	1	9	2	4	7	5
7	2	9	8	4	5	6	1	3
5	1	4	3	6	7	8	2	9
2	5	7	9	3	6	1	4	8
6	8	1	5	2	4	9	3	7
9	4	3	7	1	8	5	6	2

21

6	1	5	3	2	8	4	9	7
9	8	7	1	4	5	3	2	6
3	2	4	7	9	6	1	5	8
2	9	6	8	1	4	7	3	5
1	5	8	9	7	3	6	4	2
4	7	3	5	6	2	9	8	1
7	3	1	2	5	9	8	6	4
8	6	2	4	3	7	5	1	9
5	4	9	6	8	1	2	7	3

22

3	7	5	4	1	2	6	9	8
2	4	8	7	6	9	3	1	5
1	6	9	3	5	8	2	7	4
8	9	1	5	2	3	7	4	6
4	5	2	8	7	6	1	3	9
6	3	7	9	4	1	8	5	2
7	2	6	1	9	5	4	8	3
5	1	3	2	8	4	9	6	7
9	8	4	6	3	7	5	2	1

23

8	9	1	5	2	7	4	6	3
3	6	2	4	9	1	8	5	7
4	7	5	8	3	6	2	9	1
9	4	7	2	1	8	6	3	5
2	3	8	9	6	5	7	1	4
5	1	6	3	7	4	9	2	8
7	8	3	6	5	9	1	4	2
1	5	9	7	4	2	3	8	6
6	2	4	1	8	3	5	7	9

24

3	7	1	9	2	8	4	5	6
6	8	9	4	1	5	7	3	2
5	2	4	6	7	3	8	9	1
2	1	6	7	3	9	5	4	8
4	9	8	2	5	6	3	1	7
7	3	5	8	4	1	2	6	9
9	6	2	5	8	4	1	7	3
8	5	3	1	6	7	9	2	4
1	4	7	3	9	2	6	8	5

25

9	2	1	8	3	4	6	7	5
6	3	8	5	9	7	1	4	2
5	4	7	6	2	1	3	9	8
4	5	9	2	1	3	8	6	7
8	1	6	7	4	5	2	3	9
2	7	3	9	8	6	5	1	4
7	8	4	3	6	2	9	5	1
3	9	5	1	7	8	4	2	6
1	6	2	4	5	9	7	8	3

26

9	5	7	1	4	3	8	2	6
4	8	1	2	5	6	9	7	3
3	6	2	8	7	9	1	4	5
5	1	9	3	6	2	7	8	4
6	7	3	9	8	4	2	5	1
8	2	4	7	1	5	3	6	9
7	9	6	4	2	1	5	3	8
2	3	5	6	9	8	4	1	7
1	4	8	5	3	7	6	9	2

27

6	2	4	5	7	9	1	3	8
8	3	7	4	2	1	5	9	6
1	9	5	6	8	3	4	2	7
9	5	6	1	3	4	7	8	2
7	8	1	2	6	5	3	4	9
2	4	3	8	9	7	6	5	1
3	1	8	7	4	2	9	6	5
4	7	2	9	5	6	8	1	3
5	6	9	3	1	8	2	7	4

28

3	7	9	1	4	2	6	8	5
1	6	2	5	3	8	7	4	9
4	8	5	9	7	6	3	1	2
9	2	7	4	8	3	1	5	6
5	4	3	6	1	7	9	2	8
8	1	6	2	9	5	4	7	3
7	5	4	3	2	9	8	6	1
6	3	1	8	5	4	2	9	7
2	9	8	7	6	1	5	3	4

29

8	3	2	6	4	9	7	1	5
9	7	6	8	1	5	4	3	2
5	1	4	3	2	7	9	8	6
6	8	9	2	3	1	5	4	7
7	5	1	4	9	8	2	6	3
2	4	3	7	5	6	8	9	1
1	6	5	9	7	4	3	2	8
3	9	7	1	8	2	6	5	4
4	2	8	5	6	3	1	7	9

30

8	9	5	3	6	1	2	4	7
7	3	1	9	4	2	5	6	8
4	2	6	7	5	8	1	3	9
5	6	3	4	2	9	7	8	1
2	7	9	8	1	3	6	5	4
1	4	8	6	7	5	3	9	2
6	5	4	2	9	7	8	1	3
3	1	7	5	8	4	9	2	6
9	8	2	1	3	6	4	7	5

31

6	5	4	3	9	1	2	7	8
3	2	9	4	8	7	6	5	1
8	7	1	2	5	6	4	9	3
9	1	6	5	4	3	7	8	2
7	3	5	8	6	2	9	1	4
2	4	8	1	7	9	5	3	6
4	9	7	6	3	8	1	2	5
1	6	3	7	2	5	8	4	9
5	8	2	9	1	4	3	6	7

32

1	4	6	8	2	5	3	9	7
9	8	2	7	4	3	1	6	5
5	7	3	9	1	6	4	2	8
8	5	7	3	9	4	2	1	6
6	1	9	2	8	7	5	3	4
2	3	4	6	5	1	8	7	9
3	9	5	4	6	2	7	8	1
7	6	1	5	3	8	9	4	2
4	2	8	1	7	9	6	5	3

33

4	3	1	7	9	8	6	2	5
9	6	2	1	5	4	8	7	3
7	8	5	6	2	3	4	1	9
8	1	7	5	3	6	9	4	2
2	4	6	8	1	9	3	5	7
5	9	3	4	7	2	1	8	6
6	2	8	3	4	5	7	9	1
3	7	9	2	8	1	5	6	4
1	5	4	9	6	7	2	3	8

34

2	7	8	5	1	9	3	6	4
9	1	6	2	4	3	7	8	5
3	4	5	8	6	7	1	9	2
6	2	1	3	9	4	8	5	7
5	3	4	7	8	6	2	1	9
7	8	9	1	2	5	4	3	6
1	9	2	6	7	8	5	4	3
4	5	7	9	3	1	6	2	8
8	6	3	4	5	2	9	7	1

35

5	9	6	7	2	1	4	3	8
8	4	2	5	9	3	7	1	6
3	1	7	6	4	8	5	2	9
6	5	4	2	3	7	9	8	1
7	3	9	8	1	5	2	6	4
1	2	8	9	6	4	3	7	5
9	8	1	3	5	2	6	4	7
4	6	3	1	7	9	8	5	2
2	7	5	4	8	6	1	9	3

36

7	3	5	4	1	6	9	2	8
1	8	9	5	7	2	4	6	3
6	2	4	8	3	9	5	1	7
5	6	8	7	4	1	3	9	2
2	9	1	6	8	3	7	5	4
4	7	3	9	2	5	1	8	6
8	1	2	3	5	4	6	7	9
9	4	7	1	6	8	2	3	5
3	5	6	2	9	7	8	4	1

37

1	5	3	8	4	6	7	9	2
6	9	7	1	3	2	5	8	4
2	4	8	7	9	5	6	1	3
9	3	2	6	5	1	8	4	7
7	6	1	4	8	9	2	3	5
4	8	5	3	2	7	1	6	9
5	2	6	9	1	4	3	7	8
8	1	4	2	7	3	9	5	6
3	7	9	5	6	8	4	2	1

38

7	4	5	2	6	8	3	9	1
2	6	1	7	9	3	4	8	5
9	8	3	4	5	1	7	2	6
6	1	7	5	8	4	9	3	2
4	9	2	3	1	7	6	5	8
3	5	8	6	2	9	1	7	4
8	2	4	9	3	6	5	1	7
1	7	9	8	4	5	2	6	3
5	3	6	1	7	2	8	4	9

39

1	2	3	6	5	4	9	7	8
9	4	7	3	8	1	2	6	5
8	6	5	7	2	9	3	1	4
5	1	8	9	4	2	6	3	7
7	9	2	5	3	6	4	8	1
6	3	4	8	1	7	5	2	9
4	7	6	2	9	8	1	5	3
2	5	1	4	7	3	8	9	6
3	8	9	1	6	5	7	4	2

40

8	2	6	5	9	4	3	7	1
7	5	4	2	1	3	8	6	9
3	1	9	7	8	6	2	5	4
4	6	3	1	2	7	5	9	8
1	8	2	6	5	9	7	4	3
5	9	7	4	3	8	1	2	6
6	3	1	9	7	2	4	8	5
9	7	8	3	4	5	6	1	2
2	4	5	8	6	1	9	3	7

41

2	8	1	6	9	4	7	3	5
7	9	6	3	1	5	4	2	8
5	4	3	7	2	8	9	1	6
8	2	5	4	3	7	6	9	1
3	6	7	1	8	9	5	4	2
4	1	9	2	5	6	8	7	3
1	7	4	5	6	3	2	8	9
9	5	2	8	4	1	3	6	7
6	3	8	9	7	2	1	5	4

42

5	2	9	1	6	3	7	8	4
8	4	1	7	2	5	6	3	9
6	3	7	8	4	9	1	2	5
9	5	4	3	8	1	2	7	6
3	6	8	2	5	7	4	9	1
7	1	2	4	9	6	3	5	8
2	7	6	9	1	8	5	4	3
4	8	5	6	3	2	9	1	7
1	9	3	5	7	4	8	6	2

43

3	7	8	2	9	6	1	5	4
9	6	5	4	3	1	7	8	2
2	1	4	7	5	8	6	3	9
6	8	2	9	4	7	5	1	3
7	9	1	3	6	5	2	4	8
4	5	3	8	1	2	9	7	6
5	2	9	1	8	3	4	6	7
1	3	7	6	2	4	8	9	5
8	4	6	5	7	9	3	2	1

44

5	3	7	8	9	4	1	6	2
4	6	9	1	2	5	3	7	8
8	2	1	7	6	3	4	9	5
3	1	2	6	5	8	7	4	9
6	4	8	9	3	7	5	2	1
9	7	5	4	1	2	8	3	6
2	5	6	3	4	1	9	8	7
1	8	3	2	7	9	6	5	4
7	9	4	5	8	6	2	1	3

45

8	9	3	5	7	4	2	1	6
1	5	2	3	6	8	4	9	7
7	4	6	2	9	1	5	8	3
9	1	8	6	5	7	3	2	4
3	7	4	8	1	2	6	5	9
2	6	5	4	3	9	8	7	1
6	3	9	1	2	5	7	4	8
4	2	7	9	8	6	1	3	5
5	8	1	7	4	3	9	6	2

46

4	5	2	1	3	9	6	8	7
8	3	1	7	2	6	4	5	9
9	7	6	8	4	5	1	3	2
3	8	9	5	1	2	7	6	4
5	2	4	6	9	7	3	1	8
1	6	7	4	8	3	2	9	5
2	1	8	3	5	4	9	7	6
6	9	5	2	7	1	8	4	3
7	4	3	9	6	8	5	2	1

47

7	9	5	8	1	3	6	4	2
4	1	6	2	9	7	5	8	3
3	8	2	5	4	6	7	1	9
8	7	3	4	2	9	1	6	5
6	2	4	7	5	1	9	3	8
9	5	1	6	3	8	2	7	4
1	4	9	3	7	5	8	2	6
2	6	7	9	8	4	3	5	1
5	3	8	1	6	2	4	9	7

48

6	9	3	7	4	2	1	5	8
4	2	1	8	3	5	9	7	6
8	5	7	6	1	9	2	4	3
2	1	5	3	9	8	7	6	4
9	4	8	5	6	7	3	2	1
7	3	6	1	2	4	8	9	5
1	8	4	9	7	6	5	3	2
3	6	9	2	5	1	4	8	7
5	7	2	4	8	3	6	1	9

49

7	3	9	8	2	6	1	5	4
5	8	4	9	7	1	3	6	2
1	6	2	3	4	5	8	7	9
6	4	8	1	5	2	9	3	7
9	1	7	6	8	3	4	2	5
3	2	5	4	9	7	6	1	8
4	5	1	2	6	8	7	9	3
8	7	3	5	1	9	2	4	6
2	9	6	7	3	4	5	8	1

50

7	8	5	3	1	2	6	4	9
2	4	6	8	5	9	7	3	1
3	9	1	7	4	6	5	8	2
6	1	2	4	3	8	9	7	5
9	5	3	1	2	7	8	6	4
8	7	4	9	6	5	1	2	3
1	2	8	5	7	3	4	9	6
5	3	7	6	9	4	2	1	8
4	6	9	2	8	1	3	5	7

51

3	1	7	4	9	5	2	6	8
6	8	9	7	3	2	5	1	4
2	5	4	8	1	6	9	7	3
9	2	1	3	5	4	7	8	6
8	3	6	1	7	9	4	2	5
4	7	5	6	2	8	1	3	9
1	4	2	9	8	3	6	5	7
7	9	3	5	6	1	8	4	2
5	6	8	2	4	7	3	9	1

52

4	9	6	2	5	1	7	8	3
1	2	7	6	3	8	9	5	4
8	5	3	9	7	4	1	2	6
5	6	9	7	8	3	2	4	1
3	4	2	1	9	5	8	6	7
7	8	1	4	2	6	5	3	9
9	1	5	3	6	2	4	7	8
6	7	8	5	4	9	3	1	2
2	3	4	8	1	7	6	9	5

53

3	5	7	2	1	4	8	6	9
4	9	8	5	7	6	1	2	3
1	2	6	3	8	9	4	7	5
9	4	3	6	5	2	7	1	8
6	1	5	8	4	7	3	9	2
8	7	2	9	3	1	5	4	6
5	6	1	7	2	3	9	8	4
7	3	9	4	6	8	2	5	1
2	8	4	1	9	5	6	3	7

54

8	9	1	4	5	3	2	6	7
3	4	7	8	2	6	5	1	9
5	6	2	7	1	9	8	4	3
2	7	3	1	6	4	9	5	8
6	8	5	9	7	2	4	3	1
9	1	4	5	3	8	6	7	2
1	5	8	2	4	7	3	9	6
7	2	6	3	9	5	1	8	4
4	3	9	6	8	1	7	2	5

55

7	5	3	8	2	4	6	1	9
2	4	1	9	7	6	3	8	5
9	6	8	5	1	3	4	7	2
5	7	9	2	6	8	1	3	4
1	2	4	7	3	9	5	6	8
3	8	6	1	4	5	2	9	7
4	9	5	6	8	1	7	2	3
6	3	7	4	9	2	8	5	1
8	1	2	3	5	7	9	4	6

56

1	4	7	9	3	8	6	2	5
9	2	5	7	6	1	4	3	8
6	3	8	5	4	2	9	7	1
2	9	1	8	5	3	7	4	6
7	8	4	6	1	9	2	5	3
3	5	6	2	7	4	1	8	9
4	6	3	1	2	5	8	9	7
5	7	9	4	8	6	3	1	2
8	1	2	3	9	7	5	6	4

57

9	8	1	6	5	3	7	2	4
2	5	6	4	1	7	3	8	9
4	7	3	9	8	2	1	6	5
5	1	8	3	9	4	2	7	6
3	2	4	5	7	6	8	9	1
7	6	9	8	2	1	5	4	3
1	9	5	2	6	8	4	3	7
8	4	7	1	3	9	6	5	2
6	3	2	7	4	5	9	1	8

58

9	3	1	8	6	4	5	2	7
7	8	5	9	1	2	6	4	3
2	4	6	3	5	7	8	1	9
8	1	3	5	7	9	2	6	4
5	6	9	4	2	1	7	3	8
4	2	7	6	8	3	9	5	1
6	7	8	1	3	5	4	9	2
3	5	4	2	9	8	1	7	6
1	9	2	7	4	6	3	8	5

59

5	4	2	9	6	3	8	1	7
8	9	3	7	1	4	2	5	6
1	6	7	2	8	5	3	4	9
2	8	5	1	9	7	6	3	4
4	7	6	5	3	2	9	8	1
9	3	1	6	4	8	7	2	5
7	1	8	4	2	9	5	6	3
3	5	4	8	7	6	1	9	2
6	2	9	3	5	1	4	7	8

60

5	8	7	3	9	2	1	4	6
1	4	9	5	6	8	2	3	7
6	2	3	1	4	7	5	9	8
7	1	4	9	2	6	3	8	5
9	6	8	7	3	5	4	2	1
3	5	2	8	1	4	6	7	9
2	3	5	6	7	9	8	1	4
4	9	6	2	8	1	7	5	3
8	7	1	4	5	3	9	6	2

61

1	7	4	3	9	2	5	6	8
3	8	6	7	1	5	9	4	2
5	9	2	8	4	6	3	7	1
9	2	1	5	6	3	4	8	7
7	6	3	1	8	4	2	5	9
8	4	5	9	2	7	6	1	3
2	1	8	6	5	9	7	3	4
4	5	7	2	3	1	8	9	6
6	3	9	4	7	8	1	2	5

62

3	2	5	9	6	1	7	4	8
7	4	1	2	8	5	9	3	6
9	6	8	4	7	3	5	1	2
5	3	4	6	2	7	8	9	1
8	9	6	5	1	4	3	2	7
1	7	2	3	9	8	4	6	5
6	8	7	1	3	9	2	5	4
4	1	9	8	5	2	6	7	3
2	5	3	7	4	6	1	8	9

63

7	8	5	3	2	9	4	6	1
2	1	4	8	6	7	5	3	9
9	6	3	1	4	5	8	2	7
1	3	8	4	7	2	9	5	6
6	2	9	5	3	1	7	4	8
5	4	7	9	8	6	2	1	3
4	7	1	2	9	3	6	8	5
3	9	2	6	5	8	1	7	4
8	5	6	7	1	4	3	9	2

64

3	1	6	4	8	5	7	9	2
7	5	2	9	3	1	8	4	6
4	8	9	7	2	6	5	1	3
5	6	8	2	1	7	9	3	4
1	9	3	8	6	4	2	5	7
2	4	7	3	5	9	1	6	8
6	2	1	5	4	8	3	7	9
8	7	4	1	9	3	6	2	5
9	3	5	6	7	2	4	8	1

65

4	1	7	5	6	9	3	8	2
8	9	5	1	3	2	4	7	6
6	3	2	7	8	4	9	1	5
7	6	3	8	2	1	5	9	4
9	4	1	3	7	5	2	6	8
2	5	8	4	9	6	1	3	7
3	2	6	9	4	8	7	5	1
5	7	4	6	1	3	8	2	9
1	8	9	2	5	7	6	4	3

66

9	6	5	1	4	7	8	3	2
8	4	1	2	6	3	7	9	5
3	2	7	9	8	5	4	1	6
1	5	3	8	7	9	6	2	4
7	9	4	6	5	2	3	8	1
2	8	6	4	3	1	9	5	7
5	7	8	3	1	6	2	4	9
4	1	2	7	9	8	5	6	3
6	3	9	5	2	4	1	7	8

67

2	7	5	8	4	1	9	6	3
3	1	9	2	5	6	8	4	7
8	4	6	3	7	9	1	5	2
5	3	1	6	8	2	4	7	9
4	8	2	9	1	7	6	3	5
6	9	7	5	3	4	2	8	1
7	6	3	1	9	8	5	2	4
9	5	8	4	2	3	7	1	6
1	2	4	7	6	5	3	9	8

68

4	9	6	5	1	3	8	2	7
3	1	7	8	4	2	6	9	5
8	2	5	9	6	7	3	4	1
6	5	8	3	2	1	4	7	9
1	3	4	7	9	5	2	8	6
2	7	9	4	8	6	1	5	3
5	4	2	1	3	9	7	6	8
9	8	1	6	7	4	5	3	2
7	6	3	2	5	8	9	1	4

69

8	5	4	3	2	9	6	1	7
9	7	3	4	6	1	8	2	5
2	1	6	8	7	5	9	3	4
4	3	8	7	1	2	5	6	9
1	6	9	5	8	3	7	4	2
5	2	7	6	9	4	3	8	1
7	8	5	1	4	6	2	9	3
3	9	1	2	5	8	4	7	6
6	4	2	9	3	7	1	5	8

70

9	3	5	6	2	1	8	7	4
7	8	1	5	9	4	6	2	3
6	4	2	8	3	7	5	9	1
5	2	8	1	7	3	9	4	6
1	9	6	2	4	8	7	3	5
4	7	3	9	5	6	1	8	2
2	1	4	7	6	9	3	5	8
3	6	9	4	8	5	2	1	7
8	5	7	3	1	2	4	6	9

71

7	5	2	1	6	8	4	9	3
9	1	4	3	7	2	6	5	8
6	3	8	5	9	4	2	1	7
2	9	7	4	8	5	1	3	6
3	8	6	2	1	9	7	4	5
1	4	5	7	3	6	8	2	9
8	6	1	9	2	3	5	7	4
5	7	3	6	4	1	9	8	2
4	2	9	8	5	7	3	6	1

72

6	2	5	7	9	4	1	3	8
1	7	4	3	8	6	5	9	2
3	8	9	1	5	2	6	7	4
2	4	3	5	7	1	8	6	9
9	5	8	6	2	3	7	4	1
7	1	6	9	4	8	2	5	3
5	6	1	2	3	9	4	8	7
8	9	2	4	6	7	3	1	5
4	3	7	8	1	5	9	2	6

73

2	1	8	5	9	6	7	3	4
6	5	3	7	1	4	9	2	8
4	9	7	2	3	8	1	6	5
8	4	6	9	5	7	3	1	2
7	3	1	6	4	2	8	5	9
9	2	5	3	8	1	6	4	7
3	8	4	1	2	9	5	7	6
1	6	2	8	7	5	4	9	3
5	7	9	4	6	3	2	8	1

74

4	1	5	2	6	7	3	9	8
9	6	3	8	4	5	1	7	2
2	7	8	1	3	9	5	4	6
7	3	9	6	2	4	8	5	1
1	2	4	5	9	8	6	3	7
5	8	6	7	1	3	9	2	4
3	9	1	4	8	2	7	6	5
8	4	7	3	5	6	2	1	9
6	5	2	9	7	1	4	8	3

75

4	7	2	8	1	5	6	9	3
5	9	6	3	2	4	7	8	1
3	1	8	6	9	7	5	2	4
1	4	9	7	6	8	3	5	2
7	2	3	5	4	9	8	1	6
6	8	5	2	3	1	4	7	9
9	3	7	1	5	6	2	4	8
2	5	1	4	8	3	9	6	7
8	6	4	9	7	2	1	3	5

76

7	5	2	4	1	9	6	3	8
1	8	3	6	2	7	4	9	5
9	4	6	8	5	3	2	1	7
4	3	9	2	8	5	7	6	1
5	2	1	3	7	6	8	4	9
8	6	7	9	4	1	5	2	3
2	1	5	7	9	4	3	8	6
3	7	4	1	6	8	9	5	2
6	9	8	5	3	2	1	7	4

77

9	5	3	4	2	7	6	8	1
4	2	1	9	8	6	3	7	5
8	6	7	5	1	3	2	4	9
5	3	9	6	7	1	8	2	4
2	7	4	8	3	9	1	5	6
6	1	8	2	4	5	9	3	7
3	4	6	7	9	2	5	1	8
1	8	5	3	6	4	7	9	2
7	9	2	1	5	8	4	6	3

78

9	6	7	3	1	2	4	5	8
2	4	3	8	5	7	9	6	1
1	8	5	9	6	4	2	3	7
5	1	2	6	4	8	3	7	9
4	3	6	7	9	1	8	2	5
7	9	8	2	3	5	6	1	4
3	7	9	5	8	6	1	4	2
8	2	1	4	7	3	5	9	6
6	5	4	1	2	9	7	8	3

79

5	4	6	7	2	1	9	8	3
8	7	1	3	4	9	6	2	5
2	9	3	8	5	6	7	4	1
3	8	7	1	6	2	4	5	9
6	2	4	9	8	5	3	1	7
1	5	9	4	7	3	2	6	8
7	1	2	5	3	4	8	9	6
4	3	5	6	9	8	1	7	2
9	6	8	2	1	7	5	3	4

80

2	8	3	6	9	4	1	7	5
7	5	4	2	8	1	6	9	3
9	6	1	5	7	3	8	2	4
1	2	5	4	6	7	9	3	8
8	7	6	3	5	9	4	1	2
4	3	9	8	1	2	5	6	7
6	1	2	7	4	8	3	5	9
3	9	8	1	2	5	7	4	6
5	4	7	9	3	6	2	8	1

81

7	9	1	5	8	2	3	4	6
3	4	8	6	1	9	5	7	2
6	5	2	3	4	7	8	1	9
4	8	3	9	2	6	7	5	1
2	6	7	1	3	5	4	9	8
5	1	9	4	7	8	6	2	3
1	3	5	2	6	4	9	8	7
8	2	4	7	9	3	1	6	5
9	7	6	8	5	1	2	3	4

82

2	9	5	3	7	8	4	6	1
3	8	1	9	4	6	2	7	5
6	4	7	2	5	1	8	9	3
7	1	4	5	9	2	3	8	6
8	3	6	4	1	7	9	5	2
9	5	2	6	8	3	7	1	4
1	2	3	8	6	9	5	4	7
5	6	9	7	3	4	1	2	8
4	7	8	1	2	5	6	3	9

83

3	7	1	6	5	8	4	2	9
2	4	6	1	9	7	8	3	5
8	9	5	3	4	2	1	6	7
9	5	8	2	6	1	3	7	4
6	2	3	4	7	9	5	8	1
7	1	4	5	8	3	6	9	2
5	8	2	9	1	6	7	4	3
1	6	9	7	3	4	2	5	8
4	3	7	8	2	5	9	1	6

84

5	7	6	4	9	8	2	3	1
4	9	2	5	1	3	7	8	6
3	1	8	7	2	6	5	9	4
2	8	4	3	6	7	9	1	5
7	3	5	1	4	9	8	6	2
1	6	9	2	8	5	3	4	7
9	2	3	6	5	1	4	7	8
6	5	7	8	3	4	1	2	9
8	4	1	9	7	2	6	5	3

85

1	5	8	6	4	9	2	3	7
7	2	4	1	8	3	6	9	5
3	6	9	2	7	5	8	4	1
4	8	2	9	3	1	5	7	6
5	7	1	4	6	8	3	2	9
6	9	3	5	2	7	4	1	8
2	4	7	8	9	6	1	5	3
8	3	5	7	1	2	9	6	4
9	1	6	3	5	4	7	8	2

86

7	6	4	8	9	2	5	1	3
2	8	9	5	3	1	6	4	7
1	5	3	6	7	4	9	8	2
6	4	7	1	8	3	2	9	5
5	9	1	7	2	6	8	3	4
8	3	2	9	4	5	7	6	1
4	2	5	3	6	9	1	7	8
3	7	6	2	1	8	4	5	9
9	1	8	4	5	7	3	2	6

87

2	3	8	7	1	5	6	4	9
7	6	1	4	2	9	3	8	5
4	9	5	3	8	6	7	2	1
3	8	2	9	5	1	4	6	7
5	1	4	6	7	2	8	9	3
6	7	9	8	4	3	1	5	2
1	2	6	5	3	4	9	7	8
8	4	3	2	9	7	5	1	6
9	5	7	1	6	8	2	3	4

88

4	9	8	3	5	2	6	1	7
5	1	2	9	7	6	8	3	4
7	6	3	8	1	4	5	2	9
3	7	9	2	6	8	4	5	1
6	4	1	5	9	3	2	7	8
8	2	5	1	4	7	3	9	6
9	8	7	4	3	5	1	6	2
1	5	4	6	2	9	7	8	3
2	3	6	7	8	1	9	4	5

89

8	7	6	1	2	5	4	9	3
4	9	1	3	8	6	5	2	7
2	5	3	9	4	7	6	8	1
5	3	8	7	6	4	2	1	9
6	2	9	5	1	8	7	3	4
1	4	7	2	9	3	8	6	5
9	6	5	8	7	1	3	4	2
7	8	2	4	3	9	1	5	6
3	1	4	6	5	2	9	7	8

90

3	5	8	6	9	1	2	7	4
2	7	9	4	3	5	1	6	8
6	4	1	8	2	7	5	3	9
4	6	7	1	5	3	9	8	2
1	8	3	2	4	9	6	5	7
9	2	5	7	8	6	4	1	3
7	9	4	5	6	8	3	2	1
8	3	6	9	1	2	7	4	5
5	1	2	3	7	4	8	9	6

91

9	6	8	1	3	2	5	4	7
1	2	7	8	5	4	6	3	9
3	4	5	7	6	9	2	1	8
7	3	2	5	4	1	9	8	6
8	1	6	9	2	7	3	5	4
5	9	4	6	8	3	7	2	1
6	5	1	3	9	8	4	7	2
4	8	3	2	7	6	1	9	5
2	7	9	4	1	5	8	6	3

92

6	9	7	8	5	4	2	3	1
4	3	5	1	2	6	8	9	7
1	8	2	9	3	7	6	5	4
8	5	4	3	9	1	7	6	2
3	1	6	2	7	5	4	8	9
2	7	9	6	4	8	5	1	3
7	4	1	5	6	3	9	2	8
9	6	3	4	8	2	1	7	5
5	2	8	7	1	9	3	4	6

93

8	2	3	4	6	9	5	1	7
6	5	1	7	3	8	4	9	2
9	7	4	2	1	5	6	3	8
2	1	8	9	4	3	7	5	6
3	9	5	6	8	7	2	4	1
7	4	6	1	5	2	3	8	9
1	6	7	5	9	4	8	2	3
4	8	9	3	2	6	1	7	5
5	3	2	8	7	1	9	6	4

94

7	4	8	9	5	2	6	1	3
2	5	3	6	1	8	4	9	7
1	6	9	4	3	7	8	5	2
8	2	5	7	4	1	9	3	6
9	1	7	8	6	3	2	4	5
4	3	6	2	9	5	7	8	1
5	8	2	1	7	9	3	6	4
3	7	4	5	8	6	1	2	9
6	9	1	3	2	4	5	7	8

95

6	2	7	4	8	1	3	9	5
8	4	1	3	9	5	6	7	2
5	3	9	6	2	7	1	8	4
2	1	8	5	4	3	9	6	7
4	9	6	2	7	8	5	1	3
7	5	3	1	6	9	2	4	8
1	6	4	8	5	2	7	3	9
3	7	2	9	1	4	8	5	6
9	8	5	7	3	6	4	2	1

96

9	8	3	5	6	1	4	2	7
2	7	4	8	3	9	1	5	6
6	5	1	7	4	2	3	8	9
1	6	8	9	5	4	7	3	2
4	2	5	3	7	6	9	1	8
3	9	7	2	1	8	6	4	5
5	1	6	4	2	7	8	9	3
7	3	9	1	8	5	2	6	4
8	4	2	6	9	3	5	7	1

97

4	9	8	1	6	3	7	2	5
1	7	2	9	8	5	4	6	3
5	6	3	4	2	7	8	1	9
2	5	6	8	3	1	9	7	4
8	4	7	2	9	6	3	5	1
9	3	1	5	7	4	6	8	2
7	8	9	3	1	2	5	4	6
3	2	5	6	4	8	1	9	7
6	1	4	7	5	9	2	3	8

98

9	5	3	4	7	8	6	1	2
4	1	8	6	9	2	5	3	7
6	2	7	1	3	5	8	4	9
1	9	6	7	2	4	3	8	5
2	8	5	9	1	3	4	7	6
7	3	4	8	5	6	2	9	1
8	7	2	5	4	9	1	6	3
3	4	1	2	6	7	9	5	8
5	6	9	3	8	1	7	2	4

99

9	4	2	8	3	7	1	5	6
3	1	6	5	2	9	4	8	7
7	5	8	4	6	1	3	9	2
6	9	1	3	4	8	2	7	5
4	2	3	7	9	5	6	1	8
8	7	5	6	1	2	9	4	3
1	8	9	2	7	3	5	6	4
2	6	7	1	5	4	8	3	9
5	3	4	9	8	6	7	2	1

100

8	5	3	4	9	7	2	6	1
2	1	4	3	6	8	9	5	7
7	9	6	5	2	1	3	4	8
6	8	5	2	1	3	4	7	9
3	2	9	7	4	6	8	1	5
4	7	1	8	5	9	6	3	2
1	6	2	9	7	4	5	8	3
9	4	8	1	3	5	7	2	6
5	3	7	6	8	2	1	9	4

www.ingramcontent.com/pod-product-compliance
Lightning Source LLC
Chambersburg PA
CBHW082217220526
45470CB00010B/3210

* 9 7 8 1 9 7 6 1 7 8 7 2 6 *